Bamboo in Kyoto

京の竹

山本建三
Kenzo Yamamoto

SUIKO BOOKS

Bamboo in Kyoto

First Edition March 1997
by Mitsumura Suiko Shoin Publishing Co., Ltd.
Kitayama-dori Horikawa higashi-iru
Kita-ku, Kyoto 603 Japan
Author: Kenzo Yamamoto
English text: Preston L.Houser
Editor: K.Ueda & R.Ohnishi
Publisher: Kozo Nagasawa

ISBN4-8381-0183-X

はじめに

私の生まれ育った高槻市は、大阪と京都の中間に位置し、嵯峨野から大山崎まで続く竹薮の長岡丘陵の切れ目に当たる所で、竹薮も所々にあった。

子供の頃にはこの竹薮と関連した色々な遊びをした思い出がある。その一つに「竹馬乗り」がある。竹薮でころあいの竹を切ってきて、竹馬を作ってそれに乗って遊んだ。

竹馬も最初のうちは低く膝のあたりに棒状の木をくくりつけて、その上に足を乗せて歩く。最初のうちは低くてもなかなかうまく乗れない。今でいえば一輪車に乗るようなものである。馴れてくるとだんだん高くして、得意になって歩き回っていた。ある日、自分よりも五つ六つ年上の人が、自分の背丈くらいの高さの竹馬に器用に乗っている姿を見て、自分もなんとか高いものに乗りたい、と思った。早速竹に棒状の木を自分の背丈くらいのところに取り付けたが、どうして乗るかが問題である。いろいろ考えた末、二階から屋根づたいにおりて乗ることに気づいた。これは見事に成功した。実際に背丈くらいの高さに乗ってみると、とても高く、まわりの景色まで変わるのには驚いた。何回も何回も失敗をくり返しているうちに、この高さのものも竹のしなりを利用して自由に乗ることができるようになった。今から約60年も前のことで、当時は人通りも少なく、自動車も通らない時代だから、こんな遊びもできたのだろう。

この他にも竹と遊んだ思い出はいくつもある。竹は我々の身近に存在して、竹の子は食用にもなるし、竹そのものも日用品に多く利用されている。竹は日本の文化を支えているのではないだろうか。

1　光る竹
Glowing Bamboo

2 青 竹
"Blue" Bamboo

3　竹薮の小道
Path Through a Bamboo Grove

4　竹林をぬけて
Passing Through a Bamboo Thicket

5　竹　林
Bamboo Forest

6　水滴にはじく
Dew on the Bamboo

7　竹林の小径
Small Path Through a Bamboo Forest

8　竹光る
Glowing Bamboo

9　輝く竹
Shimmering Bamboo

10　誕　生
Birth

11　若　竹
Young Bamboo

12　新　竹
New Bamboo

13　チゴカンチク
Chigokanchiku

14　竹の黄葉
Yellow Bamboo Leaves

15　竹の秋
Bamboo Autumn（"Early Summer"）

16　若竹林
Young Bamboo Forest

17 乱　舞
Helter Skelter

18　光と影
Shadows and Light

19　竹林の梅
Plum in Bamboo Grove

20　竹と夾竹桃
Bamboo and *Kyochikutou*

21　竹林の蔦
Bamboo Creepers

22　ドクダミ咲く
Dokudami in Bloom

23　竹林の斜光
Bamboo Grove and Sun Beams

24　キンメイモウソウ
Kinmei-moso

25　青竹
"Green" Bamboo

26　キッコウチク
Kikkochiku

27　雨露をはじいて
Raindrops on Bamboo

28　竹の重なり
Bamboo Quilt

29　空に向かって
Shooting Up to the Sky

30　光の中で
In the Sunlight

31　竹林の光
Sun Beams Falling Through a Bamboo Grove

32　竹と太陽
Bamboo and Sun

33　池畔の竹林
Pond and Bamboo Grove

34　陽光差し込む
Bamboo Forest and Sunlight

35　霧の竹林
Misty Bamboo Forest

36　紅葉と竹
Autumn Leaves and Bamboo

37　楓と竹林
Japanese Maples and Bamboo Forest

38　稲田と竹林
Rice Field and Bamboo Forest

39　黄葉と竹林
Yellow Leaves in a Bamboo Grove

40　秋の陽射しの中で
An Autumn Grove

41　紅葉の蔦
An Autumn-Colored Vine

42　雪にたわむ
Bending Under the Weight of Snow

43　竹林の雪道
Snow Path Through Bamboo

44　竹林の雪
Snow in Bamboo Field

45　水面に映る
Reflection in the Water

46　雪の川辺
Snow by the Riverbank

47　冬の竹林
Winter Bamboo Forest

48　落ちる雪
Snow Falling from the Branchs

49　凍てつく竹
Frosty Bamboo

50　凍る竹
Frozen Bamboo

竹

イネ科タケ亜科植物のうち、一般には大きく分けて、稈（かん）が大形のものを竹、小形のものを笹と呼んでいる。稈は地上茎と地下茎に分かれる。竹藪にはこの地下茎がはりめぐらされており、地下茎の節から竹の子が生じる。竹の子が顔を出す時期は竹の種類によって違い、通常モウソウチクが一番早く、その後ハチク、マダケという順番になる。

竹の子は地上に顔を出してからおよそ３ヶ月ほどで成竹し、それ以降は太さも高さも全く変わらない。つまり竹は一生分の体をたった３ヶ月で作ってしまうわけで、一昼夜にして120cm伸びたという記録もあり、その伸長力は驚くべきものである。また、開花までに数十年〜百数十年を要し、多くは開花後、一連の地下茎に連なる稈はすべて枯死する。竹が「草でもなく木でもない」といわれるのはこういった竹ならではの特異性に起因する。

竹は『古事記』にも登場し、上代から日本人の生活と密接な関係にあったことがうかがえる。日本最古の小説も竹を題材とした『竹取物語』である。竹から人が生まれるという発想は中国の仏教思想の影響をうけたものであるが、この物語がこんなに長く愛される理由の中には、そのストーリーの魅力に加えて、日本人の竹そのものへの深い愛着もあるのだろう。

Bamboo

As a symbol, bamboo occupies a special place in Asian culture. Unlike the cherry blossom, which signifies the evanescence of life, bamboo represents life at its most robust and utilitarian. Bamboo grows rapidly; some say that if you are patient you can observe it actually growing. Then, it lingers as long as three-quarters of a century before briefly, finally blooming and dying. Bamboo is used in myriad ways: from shelter to clothing, from chopsticks to fans, from musical instruments to tools. Young bamboo shoots are harvested and eaten as a rustic delicacy. Bamboo has been celebrated in art, architecture, and literature since the beginnings of human culture, say, 40,000 years ago.

The quintessential haiku poet Matsuo Basho wrote that if one wants to learn about the bamboo one must *go* to the bamboo. Observation is not enough. These photographs by Kenzo Yamamoto prompt us to become more than merely cultural bystanders. Bamboo, unlike a cherry in bloom, challenges our senses and invites physical engagement. By going to the bamboo directly we learn that life is more than a fleeting shadow; it is a forest to explore, exploit, conserve, caress, and revere.

— Preston L. Houser

竹の種類

竹と笹をあわせるとその種類は1100〜1200種にものぼるとされ、一説によるとそのうちの過半数が日本にあるといわれている。ここではその中でも、京都で見られる代表的なものをいくつか紹介する。

■モウソウチク

日本の竹の中では最大。大きなものはおよそ高さ25m、直径24cmにも及ぶ。原産は中国で、日本へは1728年に京都の長岡京市の寂照院に、また1736年に薩摩藩によって九州に移入されたという記録が残っている。現在では青森県以南の日本各地で栽培されている。なお、食用にされる竹の子の多くはこのモウソウチクのものである。(ちなみに本書に掲載の写真の多くはモウソウチクである)

■キッコウチク

モウソウチクが変異により、稈の節間が交互に膨出したもの。また、その膨出の特に強いものはブツメンチクと呼ばれる。

■ハチク

稈は高さ18〜20m、直径約10cmに達する。日本原産で、北海道南部以南の日本各地に栽培されているが、特に島根、四国の諸県、兵庫の淡路などが生産地として知られる。材質としては、粘り強く緻密であるため、農業用の他、竹篭やうちわ、すだれ、茶せんなどにも用いられる。

■キンメイモウソウ

モウソウチクの稈の節間に緑色、もしくは黄色の縦じまが生じたもの。

■マダケ

稈は高さ18〜20m、直径約13cmに達する。日本原産。青森県を北限として日本各地で栽培されているが、特に近畿地方に多く産する。その材質が強く、弾力性に富んでいることから竹材として多く用いられ、中でも京都産のものは良品とされる。また発明王エジソンが白熱灯のフィラメントに使用したことでも有名である。

■カンチク

稈は高さ2〜3m、直径1〜1.5cmとなる。稈は紫黒色で節が高い。原産は日本とされる。現在本州中部以南に栽培され、しばしば野生化している。その色と形、光沢を活かして、飾り窓、家具、室内装飾に丸竹のまま使用される。また、竹の子は秋から初冬にかけて出る。

高くのびた竹の子はその年は枝を出さないが、翌年の夏以後に先端付近から枝がでて、年がたつとともにしだいに下からも枝がでてくる。この枝葉が出ない竹の子は生け花などに用いられる。

あとがき

私が現在住んでいる向日市は、竹薮の丘陵としては東洋一ともいわれている全長約12キロにも及ぶ丘陵の中間地点で、家から歩いて10分もすれば竹薮がある。最初に書いたように私は竹と共に成長したようなものである。
竹はおおむね一年中青々としているが、竹の子を産した後のわずかな期間、葉が黄色くなる。この頃を竹の秋と呼ぶ。
次に竹の子と山桜との関係を紹介する。竹薮の丘陵に春になると、竹の間からポツンとひときわ大きく山桜が顔を出す。この山桜が咲く頃と竹の子を穫る時期とがちょうど重なる。そのため、広い竹薮にほどよい間隔で山桜がある。だれが考えたか、自然の力を借りて竹の子の収穫期を知るのである。この山桜を利用して作画すると風情ある竹薮の風景写真が撮れる。

山本　建三

山本　建三（やまもと　けんぞう）
1925年大阪府高槻市に生まれる。
1959年東京で第1回個展を開催、以後全国各地で60数回以上の写真展を開催。
1962年株式会社京都アド・フォトを設立、現在にいたる。
日本写真家協会会員、日本広告写真家協会会員。
主な著書に「京都乙訓の里」「丹波路」「京・洛外の四季」「京・洛中の四季」「京洛四季」「信州安曇野」「奥飛騨山河」「フォトグラフィックアート」をはじめ、小社より「京の意匠・庭園」「京都周辺シリーズ全5巻」「京の自然・霧」「竹」「京」「都」「嵯峨野」「京の梅」「京の桜」「京の紅葉」「京の雪」など京都を中心に多数。

◎事務所：〒617 京都府向日市寺戸山縄手23
PHONE 075-933-3031
◎山本建三写真常設館
〒531 大阪市北区豊崎5丁目6の2号
北梅田大宮ビル1F
PHONE 06-371-8593

京の竹 *Bamboo in Kyoto*

1997年3月18日初版一刷発行

著　者　山本建三
発行者　長澤浩三
発行所　光村推古書院株式会社
〒603 京都市北区北山通堀川東入
PHONE 075-493-8244
FAX 075-493-6011
印　刷　㈲市蔵図書印刷

ISBN4-8381-0183-X C0072